A MESSAGE TO GARCIA

致加西亚的信

［美］埃尔伯特·哈伯德◎著
刘　宁◎译

中信出版社
北京

图书在版编目（CIP）数据

致加西亚的信／（美）哈伯德著；刘宁译. —北京：中信出版社，2012.1（2017.11重印）
书名原文：A Message to Garcia
ISBN 978-7-5086-3159-2

I. 致… II. ①哈… ②刘… III. 职业道德－通俗读物 IV. B822.9-49

中国版本图书馆CIP数据核字（2011）第248089号

致加西亚的信
ZHI JIAXIYA DE XIN

著　　者：[美] 埃尔伯特 · 哈伯德
译　　者：刘　宁
策划推广：中信出版社（China CITIC Press）
出版发行：中信出版集团股份有限公司（北京市朝阳区惠新东街甲4号富盛大厦2座　邮编 100029）
（CITIC Publishing Group）
承 印 者：北京通州皇家印刷厂
开　　本：880mm × 1230mm　1/32　　**印　　张**：2.5　　**字　　数**：40千字
版　　次：2012年1月第1版　　**印　　次**：2017年11月第23次印刷
书　　号：ISBN 978-7-5086-3159-2/F · 2530
定　　价：18.00元

网　　站：http://www.publish.citic.com　　服务热线：010-84849555
投稿邮箱：author@citicpub.com　　服务传真：010-84849000

目录
A Message
to Garcia

1913年版序言

A Message to Garcia

《致加西亚的信》这本小册子写于一次晚饭之后，写作时间用了不到一个小时。那天是1899年2月22日，正好是乔治·华盛顿的诞辰，当时我们正准备出版3月份的《菲士利人》月刊。

我在度过烦扰的一天后写下这篇文章，我心潮澎湃，当时正想尽一切办法将某些自甘堕落的国民从浑浑噩噩中拯救出来，希望他们能够重新振作起来。

最终，在与儿子伯特喝下午茶时的讨论中，我受到了启发。他对我说，罗文是古巴战争中的真正英雄，他浑身是胆，孤身一人历尽艰难险阻将总统的信交给了加西亚将军。

儿子的观点让我灵光一闪。是的，儿子是对的，所谓英雄，便是不辱使命者，正像那位给加西亚送信的罗文。我离开餐桌，快步走进书房，写下了《致加西亚的信》。当时，我还没有想到给这篇文章加个标题，只是匆匆将其编辑放入了3月份的《菲士利人》月刊。此月刊出版之后不久，我们便收到了很多人的追加订单。一开始，订单数量是十几本、50本、100本。而当美国新闻公司一次便追加订购1 000本时，我不禁问我的一个助手，到底是月刊中的哪篇文章引起了如此大的轰动，他回答说："就是那篇关于加西亚的文章。"

第二天，我们收到了来自纽约中央铁路局乔治·丹尼尔斯发的一封电报。他在电报中说："订购10万份关于罗文的文章，以小册子的形式印刷，封底刊登帝国快递公司的广告。请报价并通知发货时间。"

我给他报了价，并告诉他，要完成并提供这10万份小册子，我们需要两年的时间。当时，我们的设备不足，10万份的印刷量绝对是一项异常艰巨的任务。

后来，我向丹尼尔斯先生承诺按照他的要求重印这篇文章。最后，这本小册子一共重印了50万份。另外，有200多家杂志和报纸也转载了这篇文章。时至今日，这篇文章已被翻译成了各种语言，风靡全球。

在丹尼尔斯销售《致加西亚的信》的那段时间，俄国铁路大臣希拉科夫亲王恰巧也在美国。当时，他受纽约中央铁路局的邀请，正在丹尼尔斯的亲自陪同下在美国各地访问。在访问中，希拉科夫亲王看到了这本小册子，并对它产生了浓厚的兴趣，其原因很可能是由于丹尼尔斯对此书的大力营销。希拉科夫回国之后，找人将此书翻译成俄文，并发给俄国铁路部门的员工，人手一册。

很快，德国、法国、西班牙、土耳其、印度和中国等其他国家也纷纷引进了此书。日俄战争时，派往前线作战的俄国士兵每人手里都有一本《致加西亚的信》。日本人在每一名被俘的俄国士兵的随身物品中都发现了这本小册子，他们觉得这一定是非常有用的东西，因此便很快找人将其翻译成了日语。

后来，日本天皇下令，日本所有政府职员、军人，甚至是普通市民都要人手一册。就这样，《致加西亚的信》一书迄今已出版印刷了4 000多万册。据说，在世界文学史上，还没有哪一位作家能在其有生之年看到其作品如此广为传颂。这一切，当然都要归功于那一系列的历史事件。

埃尔伯特·哈伯德

1913年12月1日

致加西亚的信

A Message to Garcia

一提起古巴这个国家，我的记忆里便会闪现出一位令我永远难以忘怀的人物。

美西战争爆发之后，美军必须马上与反抗西班牙的古巴起义军首领加西亚取得联系。但是，当时加西亚身处古巴辽阔的崇山峻岭中，没有人知道他到底在哪里，因此无法送信给他，也无法给他发电报。然而，美国总统必须要尽快得到加西亚的配合，怎么办？

有人告诉总统说："有一个名叫罗文的人，他是能为您找到加西亚的唯一人选。"

于是，总统派人将罗文找来，并交给他一封写给加西亚的信。那个名叫“罗文”的人拿着信，将它封进一个油纸袋里，然后将其紧贴前胸并扎好。4天后的一个深夜，他乘一艘敞篷船到达古巴海岸，消失于茫茫丛林之中。3个星期之后，罗文又徒步穿越敌国——岛国古巴，将信交给了加西亚。对于这些艰难险阻，我不必一一赘述。我想说明的一点是，在麦金利总统将写给加西亚的信交给罗文时，罗文并没有问：“加西亚在哪里？”

这件事足以流传千古，每一所大学校园都应当树一尊罗文的铜像。罗文不像一味啃书本的年轻人那样较真儿，也不需要从别人那里得到指点与指示，他所拥有的是一种坚贞不屈的执著，这一点使得他忠于信仰，敏于行动，全身心投入到自己的使命中，那便是“把信送给加西亚”。

加西亚早已离我们远去，可我们还有许多现实版的加西亚的故事。现在，在一些职员众多的大企业里，很多人都碌碌无为，他们要么没有能力，要么没有坚强的意志。这一点的确令人吃惊，这也是很多企业失败的根本原因。

他们整日漫不经心、三心二意、无所事事。懒惰散漫、漠不关心、马马虎虎的工作态度，对于许多人来说似乎已经成为常态。除非好言相劝甚至威逼利诱，或者上帝大发慈悲，派遣天使下凡相助，否则他们便一事无成。

的确如此。让我们来做一个试验：假如你是一名公司的部门负责人，你有6名下属听候你调遣，你对其中任意一名下属吩咐说："请查阅百科全书，并写一份关于科勒乔（Correggio）生平的简要备忘录。"这名员工会平静地回答说"好的"，然后立即去做吗？

他一定不会。他一定会一脸茫然地盯着你，然后提出下面的问题：

科勒乔是谁？

您要我找哪一种百科全书？

百科全书在哪里？

这不是我的本职工作吧？

为什么不让查理去做这件事呢？

科勒乔还活着吗？

这事儿急不急？

我把百科全书拿来，您自己来查？

您查这个做什么？

我敢打赌，在你回答了上述问题，并向他解释了如何去搜索这些信息之后，他十有八九会找另外一名职员帮助他找有关科勒乔的信息，然后再回来告诉你没有科勒乔这个人。当然，我可能会输，但从概率上讲，我不会输。

这时，如果你足够聪明，你便不会费心去告诉他，科勒乔应归属于“C”条目下，而不在“K”条目下，你应当淡淡地笑一下说，“好的，没关系”，然后自己去查。这种独立工作能力低下、道德上后知后觉、意志力薄弱以及行动力迟缓，使得我们这个社会距离完美还有相当的距离。如果一个人为了自己都不去努力，如何期待他们为了别人的利益而工作呢？如果你招聘一名速记员，前来应聘者十有八九会认为这份工作不需要准确的拼写与标点。

这样的人能找到加西亚并把信送给他吗？

一位工厂老板在他的工厂里对我说：“你看到那名会计员了吗？”“哦，他怎么样？”“嗯，他是一名不错的会计，每次我派他到城里办事，他一般都会办得不错。但是，他有时候会在办事的途中逛4家酒吧，最后忘记此行的工作目的。”这样的人能担当给加西亚送信的重任吗？

最近，我们听到过许多人对那些“收入微薄、遭受欺凌”

以及“期盼安居乐业却无家可归”的人表示同情的话，还有对雇主们无情批判的声音。

然而，却没有人提到，很多雇主直到一把年纪也没有将懒散、做事拖沓的员工调教好，使他们具备工作的智慧。雇主们对员工长期耐心的“扶持”，除了浪费时间，没有取得任何成效，换来的只是员工不屑的拒绝。

每一家公司或工厂，都存在着一种惯用的优胜劣汰机制。雇主经常会解雇那些工作不力、无法给企业带来效益的员工，同时也会吸纳新的人才。无论经营状况有多好，这种优胜劣汰机制都会一直持续下去。在经营困难的情况下，那些不具备竞争力的职员便需要离开，这便是适者生存的道理。以自我利益为主导的思想会促使每一名雇主只保留最好的员工，从而能够完成每一项“给加西亚送信”的艰巨任务。

我认识一个极为聪明的人，但他不能很好地把握自己，也不能顾及别人的利益，原因是他总是怀疑他的雇主在压迫他或者计划要迫害他。他既不能命令别人做事，也容不得别人命令他。如果有人要他去给加西亚送信，他很可能会回答说：“你自己去送吧！”

今晚，这个人穿着破旧的外套，在寒风中奔波，四处找工作。但凡了解他的人，都不会雇用他，因为他对所有一切都心存不满。

当然，我知道，与肢体残缺者比起来，这种行为乖戾、思想残缺者并不值得同情。我们应该同情那些努力经营企业、不分昼夜工作并因此而头发日渐斑白的雇主们。那些薄情寡义、无动于衷的员工们应当想到，如果没有雇主们的企业，他们何以果腹，何以安居？

我是否夸大其词了呢？也许是吧。但是，即便全世界都变成了贫民窟，我也要表达我对成功者的敬意，因为成功者不畏艰难，带领着别人取得了成功。最终，他们发现，成功不过是解决吃饭穿衣的问题而已。我曾经打过零工，只为填饱肚皮，我也曾做过雇主，我深知两者都有自己的难处。

无论如何，贫穷都不是一件好事情，没有人愿意衣衫褴褛。并非所有的老板都贪得无厌、专横跋扈，正如并非所有穷人都是谦谦君子一样。我欣赏的是老板在与不在都同样勤奋工作的职员，当他接受了“给加西亚送信”的任务之后，会静静地接过信来，不问任何多余的问题，更不会将信揉成团然后扔到下水道里去。他们的内心深处永远没有抵触和畏难情绪。这样的职员永远不会被炒鱿鱼，也永远不必通过罢工要挟以获得更高的工资。

文明的进程也是搜索此类精英人才的过程。此类人才的所有愿望都会得以实现。每一座城市和村镇，甚至每一个办公室、商店和工厂都需要这样的人才。整个世界都在渴求这样的人才，因为只有他们才是能够“给加西亚送信”的人。

我是如何把信送给加西亚的

A Message to Garcia

我是如何把信送给加西亚的

——安德鲁·萨默斯·罗文将军

（因《致加西亚的信》而名垂青史的人）

为了我们的国家，为了我们过得更好，不管我们高贵还是卑贱，我们都尽自己的一份力吧。

——贺拉斯

“我们如何才能找到一个合适的人把信送给加西亚将军？”美国总统麦金利问情报局局长阿瑟·瓦格纳上校。

瓦格纳很快便回答说：“华盛顿有一名年轻的中尉，名叫罗文，他会为您把信送给加西亚的。”

“派他去！”总统命令说。

当时，美国正在与西班牙交战，总统迫切希望得到相关情报。他深知，要获得战争胜利，美国必须与古巴起义军合作。他深知，必须要详细了解西班牙军队在岛上的人数、作战能力、目前处境、作战士气以及军官——尤其是高级军官的性格。另外，还需要知道战区一年四季的路况、古巴的地形、西班牙和起义军以及整个古巴的医疗卫生状况、双方武器装备情况、当美军发起攻击时古巴起义军为骚扰敌军应采取哪些措施等重要信息。“派他去！”这一命令坚决果断，充分显示出给加西亚送信这一环节事关重大。

大约一小时后，瓦格纳通知我下午一点到海军俱乐部与他会面。我去了之后，与瓦格纳上校共进午餐。顺便说一下，瓦格纳上校酷爱说笑，在美军中小有名气。他问我：“下一趟驶往牙买加的船几点出发？”我以为他只是在开玩笑，便故作认真地告辞了一会儿，然后回来告诉他说：“阿特拉斯航线的一艘英国轮船将于明天中午从纽约起航。”

“你能坐这艘船去吗？”上校突然问我。

我仍然以为上校是在与我开玩笑，因此我给出了肯定的回答。

“那么好吧，”上校说，“那你就作好准备，坐这艘船去吧！”

“年轻人，”他继续说，“总统阁下已选定你与加西亚联络并送信给他，加西亚目前就在古巴的东部。你的任务是从他那里得到军事消息，并分析这些消息。你送给他的信涉及总统向他提出的一系列问题。为了不暴露你的身份，不要与他进行书面联络。历史上发生过多次冒险联络带来的悲剧。大陆军的内森 · 黑尔和美墨战争中的里奇中尉都因为携带信件而被捕，他们两人最终都壮烈牺牲。而且，里奇中尉的被捕泄露了斯科特将军将攻打维拉克斯的军事机密。此次行动要确保万无一失，只许成功，不许失败。”直到此时，我才真正意识到，瓦格纳上校并不是在开玩笑。他继续说：“在牙买加，会有一帮古巴人接应你，剩下的事情就全靠你自己了，你所能得到的指示也只有我刚才告诉你的这么多，下午你就回去作准备。舵手汉弗莱斯将把你送到金士顿，然后，只要美国向西班牙宣战，我们将根据你发来的情报制订作战计划，否则我们便静观其变。你必须要独立完成这项任务，因为这项任务只交给了你一个人，你必须要设法将信送给加西亚。你在午夜坐火车出发吧。再见，祝你好运！”说完，他与我握了握手。

瓦格纳上校不断重复“一定要将信送给加西亚”这句话。我赶紧回去准备，同时思绪万千。根据我自己的理解，由于战争尚未打响，我的任务更加扑朔迷离，也许直到我到达牙买加之后，局势才会明朗起来。一步走错，可能会导致满盘皆输。如果美国宣战，那么我的任务反倒会简单许多，尽管危险性并没有降低。在这种情况下，当一个人的声誉甚至生命悬于一线时，要求得到书面指示是非常正常的。在军旅生涯中，军人的生命完全交给了国家，但军人的名声却要靠自己来把握，否则弄不好便会身败名裂。对于这次任务，我从未想过索要书面指示，我心中想的只是完成把信送给加西亚的任务，然后从他那里获得相关的情报。我不知道，瓦格纳上校是否将我们两人的谈话记录在案，这对我来说已经不重要了。

火车于零点零一分离开华盛顿。此时，我想起了人们常说的星期五不宜出门的禁忌。火车虽然是星期六开，但我离开海军俱乐部的时候是星期五。因此，我想是命运安排我在星期五远行的。然而，我很快便忘记了这一切，因为如果一味担心这一点，便永远也无法完成自己的使命。

轮船准时起航，整个航行过程还算顺利。我始终与其他乘客保持着距离，仅与一名电气工程师聊过当前的局势。这位电气工程师告诉我，由于我不大与周围的旅客谈起自己的事情，一些好事的旅客便给我起了个“心怀不轨者”的外号。

当船驶入古巴海域之后，我才意识到了危险的存在。我身上带有一封国会写给牙买加政府的公文，证明了我的身份。但是，如果在轮船进入古巴海域之前美国便宣战，根据《国际法》的规定，西班牙便有权利检查此船。由此，我便可能被当做战犯逮捕，并被押送到西班牙的船上。而这艘英国轮船也会被西班牙军队沉入大海，尽管它悬挂的是中立国国旗，在战争爆发前从和平国家的港口驶往中立国港口。

想到这里，我不由得将信藏进头等舱中的救生衣里，直到船驶入大海，我才感到轻松了许多。第二天早上9点钟，我登上了牙买加的土地。很快，我便与古巴联络组组长雷先生取得了联系，并与他及他的助手们讨论如何尽快找到加西亚。我于4月8日至9日间离开华盛顿，4月20日的电报中说，美国已通知西班牙在23日之前同意放弃古巴，并从古巴岛撤退陆军，从古巴海域撤退海军。4月23日，我将我到达的消息用密电发出，并收到回电说："尽快找到加西亚！"

接到密电几分钟后，我来到了联络处总部。那里有几位我之前从未见过的流亡的古巴人，我们开始东拉西扯，这时，一辆马车突然过来了。

"到时候了！"一个人用西班牙语喝道。

然后，我便不容分说地被带上了马车，继而被摁在了一个座位上。

之后，我的军旅生涯最为神奇的一段经历上演了。马车夫是个不善言谈的人，他不与我交谈，我主动与他谈话，他也不理睬我。我一上了马车，他便在车水马龙的金士顿大街上驱马狂奔了起来。马车就这样狂奔着，丝毫没有减速的迹象，不一会儿，我们便远离了居住区，到了市郊。我在马车上用手敲，用脚踢，他却全然不顾。

马车夫似乎知道我肩负着送信给加西亚的神圣使命，不断地快马加鞭。就这样折腾了半天，他仍不理我，我索性随他去，将身子靠回座位静观事态发展。

就这样又走了4英里，穿过一片茂密的热带森林之后，我们来到一个西班牙建筑风格的小镇。最后，在另一片丛林旁，马车停了下来，车门被人打开，一张陌生的面孔出现在我的面前。此人邀请我坐上另一辆一直在等候我们的马车。真是不可思议，一切似乎都早有安排。他们一句多余的话都没说，一秒钟也没有耽搁。

仅过了一分钟，我便又上路了。第二位马车夫与第一位如出一辙，一句话也不说，自顾全速快马加鞭地飞驰。就这样，我们经由那个西班牙风格的小镇，穿越科伯利河谷来到了岛上的高地，那里有公路直达加勒比海沿岸圣安斯海湾深蓝色的水域。

马车夫仍然一言不发，任凭我一个劲儿地与他搭话，他甚至连个手势都不朝我打，只顾在宽阔的马路上飞奔。我能听到的，只有他那随着海拔越来越高而越发急促的喘息声。渐渐地，太阳落山了，我们便在一座火车站旁边停了下来。这时，山坡上一团乌黑的东西在移动。仔细一看是一个人，他是谁？难道西班牙当局派牙买加军人盯我的梢儿？这个幽灵一样的人使我惶恐不安。当他逐渐走近我，我轻松了许多，因为我看清了，他是一个步履蹒跚的黑人。他来到马车前，推开门，递进来一只香喷喷的炸鸡和两瓶爱尔啤酒，不断说着当地的方言。我略微能听懂一些他的话，他是在夸我为古巴自由事业而作出的贡献，因此奉上美酒佳肴以示敬意。

马车夫仍然无动于衷，就连美味的炸鸡，他也视而不见。很快，马车换了两匹新马，继续拉着我向前走。马车夫扬起长鞭，狠狠地抽打着马。我赶紧回头感谢那位上了年纪的黑人说："再见，大叔！"不一会儿，我便看不见黑人大叔的身影了，马车在漆黑的夜里飞驰。尽管我很清楚我的使命事关重大，但此刻我却沉浸在热带森林的美景之中。不论白天还是夜晚，这里的森林都令人心旷神怡。不同的是，在白天，主宰者是四季常开的花儿，而在黑夜，最吸引人的是那些飞舞着的萤火虫。有了萤火虫的熠熠荧光，森林的夜便永远不会变成漆黑的夜晚。这些美丽的萤火虫用它们的光芒照亮了我眼前的森林，使我恍若处于仙境一般。

然而，当我想起自己的使命，便无心再去欣赏眼前的美景了。于是，我们继续急速前进着，两匹马的速度已经达到了极限。就在这时，树林里传来了一声刺耳的哨声。马车停了下来，一伙人出现在我们面前，好像突然从地底下冒出来的一样。这伙人全副武装，将我们包围了起来。

我并不害怕在英国的国土上遭到西班牙士兵的拦截，但此刻这伙人的突然出现却让我非常不安，因为牙买加当局的介入会使我的任务失败。同时，如果牙买加当局事先得到消息，知道我破坏了牙买加的中立立场，我便会被阻止前行。如果这伙人是英国士兵就好了！我的心情很快便放松了下来，因为经过与他们悄声对话之后，我们便又上路了。

大约过了一小时之后，我们停在一座房子前，房子里透出微弱的灯光。过了一会儿，有人给我端上了一杯牙买加产的朗姆酒。尽管我们已经走了9个小时，行程达70英里，马车都换了两辆，但我一点儿也不觉得累，倒是对朗姆酒印象颇深。过了一会儿，从相邻的屋子里走出来一位彪形大汉。他留着胡子，看起来很凶悍，他的一只手少了一根大拇指。一眼望去，便看得出他是那种经历过大风大浪和值得信赖的人。他的眼神里透出一种真诚，让人觉得他是一个品德高尚的人。他是一个西班牙人，曾去过古巴，在圣地亚哥时因为反对西班牙旧制度而被砍掉手指并被流放。他叫吉尔瓦西奥·萨比奥，他的任务是帮助我找到加西亚并将信送给他。其他人则负责将我带出牙买加。我们还有7英里的路要走。

休整了一个小时之后，我们继续前进。离开那座房子半个小时后，我们又听到了一阵口哨声。我们赶紧停了下来，下了马车，偷偷走进了一片甘蔗地。走了一英里后，我们来到了海湾边上的一片可可林。就在这时，距离海岸近50米处缓缓驶过来一艘船。

突然，小船里的光亮闪了一下。这一定只是一种报时信号，因为我们来到这里并没有惊动任何其他人。吉尔瓦西奥对船员的警觉性感到非常满意，并同他们打了招呼。在谈话的过程中，我向联络处表达了谢意。然后，一位船员将我背起来，蹚过浅海滩，将我送到了船上。就这样，给加西亚送信的第一段历程就结束了。

上船之后，我看到船上装了很多压舱的大石头。船上还有很多长方形的像是货物的东西，好在船还能拉得动。不过，这些东西，加上吉尔瓦西奥船长、两名船员以及我和我的助手，船上几乎没有落脚的地方了。对船长的热情，我深表谢意。他告诉我说，他必须要绕过海岬，因为小海湾里风力太小，不足以使船帆扬起。很快，我们便驶出了海岬。就这样，我们的船乘着微风，开始了第二阶段的艰苦旅程。

说实话，在我们分别之后，我的确有些紧张。如果我在牙买加海岸线3英里以内被敌人捉到，那么我便会身陷囹圄；如果我在古巴海岸线3英里以内被敌人捉住，那么我极有可能付出生命的代价。我仅有的朋友便是这些船员，还有烟波浩渺的加勒比海。

从此向北100英里便是古巴的海岸线，那里到处是西班牙军队的巡逻舰，这是一种轻型战船，装配有小口径的旋座火炮和机关枪，船上的士兵配有毛瑟步枪。后来我才知道，我们船上的配备和他们的比起来要逊色得多。如果我们与他们交火，我们必定凶多吉少。然而，我必须成功，因为我必须要找到加西亚，并将信交给他。

我们的行动计划是，在日落之前在古巴海岸线3英里之外伺机而动，然后在日落后突然切入，在某个安全的珊瑚礁上守候到天亮。如果我们被抓，鉴于我们没有携带文书，他们很可能会不由分说便将我们连人带船一起沉入海底。绑上石头的船很快便会沉下去，我们浮在海面的尸体对发现我们尸体的人来说没有任何价值。此刻正是清晨，海风清凉宜人。我们困倦不已，闭上眼睛正想睡一会儿，就在这时，吉尔瓦西奥的一声惊叫让我们全都清醒了过来。我们站起来，定睛一看，发现几英里之外，可怕的敌军船只径直向我们驶过来。

船长用西班牙语高声喝令，船员放下了船帆。全船除吉尔瓦西奥之外，都躲到了船舱里。他悠闲地靠在舵柄上，使船头与海岸线保持平行。他冷静地说："他会以为我只是孤身一人出来捕鱼的牙买加渔夫。"果然，敌船靠近我们时，一位年轻的指挥官用西班牙语大喊道："今天收获不错吧？"

吉尔瓦西奥从容地用西班牙语回答说："今天倒霉透了，可恶的鱼就是不上钩！"

如果那个见习军官或者是什么级别的军官稍微长个心眼儿，也许我们便会成为他们的大鱼，今天也就不会有人在这里写这个故事了。等敌船离我们远去，吉尔瓦西奥下令升起船帆，然后对我说："如果您累了想睡觉，那么您大可放心地去睡，我觉得危险已经过去了。"

接下来的6个小时，我睡得很沉，不知道还发生了哪些事情。我以为，睡在摇摇晃晃的床垫上的我会被热带的太阳照醒。但事实上，是古巴人叫醒了我，他们用他们引以为豪的英语问候我说："早上好，罗文先生！"烈日炎炎之下，牙买加像被点燃了一样，就像是一堆绿宝石中一块耀眼的红宝石。向岛的南面望去，绿宝石色的天空万里无云，地面一片郁郁葱葱。而向背面望去，天地一片灰蒙蒙的。古巴的上空笼罩着一大片乌云。我们盯着这片乌云看了半天，发现它并没有散去的迹象。风越来越大，持续了几个小时。我们的船乘风破浪，一路前行。吉尔瓦西奥心情不错，一边叼着烟卷喷云吐雾，一边与船员们说说笑笑。

大约下午4点钟，乌云散去，古巴最大的埃斯特拉山沐浴在金色的阳光里，巍峨壮观的景色尽收眼底，宛若掀开画帘，将一副美不胜收的图画展示给世人。这里五彩斑斓，山水相映，恐怕世界上难以再找到这样的绝世美景，因为这里的山顶海拔8 000英尺，却依然绿意盎然，绵延数百英里。

然而，这么好的美景，我们却无法驻足长看，吉尔瓦西奥已经开始收帆减速。他向我解释说："我们的位置比我想象的要近，我们已经进入了敌军巡逻舰的作战范围。这里处于公海与非公海之间，我们必须与敌军保持距离，如果靠近他们，被他们发现，只有白白送死。"

我们赶紧检查了一下我们的武器。我随身只带着一把

史密斯 · 维森左轮手枪，因此他们又给了我一把火力强大的毛瑟步枪。我此前用过一次毛瑟步枪，但我没有想到今天还能再次有机会用上它。船员和我的助手也都配备了这种毛瑟步枪。此番使命中真正严峻的危险时刻就要到来了，相比之下，此前的遭遇都算不上什么真正的挑战。如果我们被捕，就意味着死亡，我便无法完成给加西亚送信的神圣使命。

向海岸望去，尽管看上去咫尺之遥，但实际上我们距离它大约有25英里。等到午夜时分，我们才扬起船帆，在浅滩划桨前行。这时，一个巨浪不期而至，恰好顺势将我们推到一片风平浪静的海湾，这里距离海岸只有50码[①]，我们便在那里停船。我提出立刻上岸，但吉尔瓦西奥说："先生，岸上和海上都有敌人，我们最好就待在这里。万一敌舰来袭，他们很可能会遇到我们曾穿过的珊瑚暗礁，那时我们便可以上岸，在迷宫一般的葡萄林里与他们周旋。"

海天交接处的热浪逐渐散去，一大片由葡萄树、红树等组成的灌木林出现在我们眼前，一直蔓延到了海岸边。

① 1码=0.914 4米。——编者注

太阳慢慢升起，照在古巴最高峰上，周围的美景一览无余。顷刻间，阴霾散去。笼罩着低矮灌木丛的阴影也随之散去。拍打着海岸的灰暗的海水像被施了魔法一般，变成了令人眼前一亮的绿色。这是伟大的胜利，光明战胜了黑暗。

这时候，船员们已开始忙着向岸上搬运行李。我站在那里，陷入了沉思。我想起了一位诗人的诗句，“黑夜的蜡烛燃尽，而快乐的日光却已悄然爬上了暮霭沉沉的山巅”。我想，这位诗人一定也是身处这样的美景才会有如此的感慨吧。我正发呆时，吉尔瓦西奥悄悄地告诉我：“先生，这是古巴最高峰。”

就这样，短暂的幻觉结束了。货物都已经被搬上了岸，我也被请上了岸。他们把船拖到一个小的河口里，然后将其倒扣并藏在灌木丛里。这时，几个衣衫褴褛的古巴人早已经聚集在我们上岸的地方。我不知道他们是从哪里来的，也不知道他们是如何知道我们是自己人的。他们一定是得到了什么消息，然后扮作搬运工人来到了这里。他们当中有些人看上去历尽沧桑，还有些人身上留有毛瑟枪子弹留下的疤痕。

看上去，我们登陆的地方是多条道路的交汇处，这些道路通往各个方向，从海边一直延伸至丛林。西面一英里处的丛林里，烟雾袅袅。别人告诉我，这里是一片盐碱滩，烟是从熬盐的锅里冒出来的。熬盐的人都是些从古巴集中营里逃出来的古巴难民。

至此，我的第二段旅程就结束了。

这两段旅程危险重重，而后面的旅程则更是危机四伏。西班牙军队此刻正疯狂地追杀古巴人，他们的首领是外号为“屠夫”的威勒尔。不论是对古巴军人还是逃离集中营的难民，甚至对手无寸铁的平民百姓，他们都痛下杀手。我意识到，接下来寻找加西亚的旅程必将艰险异常。然而，一味地考虑危险无济于事，我必须要勇敢上路！

这里的地形并不复杂，一条一英里长的被灌木林覆盖的带状平坦地带延伸至北方。要前进，就需要我们徒手开辟道路。要彻底搞清楚这里的道路，只有依靠当地古巴人的引导，只有他们能够帮助我们走出迷宫。不一会儿，烈日当头，我不禁开始羡慕起同行的伙伴，他们身上没有穿着厚重的衣服。

很快，我们又踏上了旅程。我透过浓密的森林，眺望远处的山与海，很快它们就被遮住了。太阳的炎热将丛林变成了人间地狱。然而，随着我们离开海岸，向山丘进发，从林逐渐稀疏，没有之前那么茂密，呈现在眼前的是一片广阔的平地。

不一会儿，我们来到了一片空地。在那里，我们发现了几棵可可树。可可的汁液清凉可口，我们的嗓子终于得以滋润。但是，我们并没有在这里长时间停留享受，因为我们必须要在天黑之前再走几英里，然后爬上一个陡峭的山坡，到达另一片隐蔽的空旷地。很快，我们进入了真正的热带雨林。在热带雨林中，我们走得颇为惬意，因为这里的空气清新，微风拂面，呼吸都成了一种享受。

从古巴波尔蒂罗到圣地亚哥的“皇家公路”就穿过这片雨林。随着我们越来越接近这条公路，我却发现，我的同行人越来越少，一个一个逐渐消失在丛林里。很快，队伍便只剩下了我和吉尔瓦西奥。我正要问吉尔瓦西奥这是怎么回事，我看到他将一根手指压在嘴唇上，示意我不要出声，并让我将毛瑟步枪和左轮枪上好子弹，严阵以待。然后，他也一转身消失在了热带丛林里。

一开始，我感到这有些奇怪，但后来我明白了。我听到了战马奔跑的铃铛声，我听到了西班牙骑兵挥刀霍霍的声音，偶尔还会听到西班牙军队首领的喝令声。如果不是同伴们的谨慎，我们此刻恐怕就会与敌军在公路上遭遇了！

“我们分头行动吧，万一被敌人发现，也能够迷惑他们。我们在路两边设下埋伏，必要时伏击他们。这样一定能够成功。”说完，吉尔瓦西奥看上去有些遗憾，然后他又笑着说：“只可惜我们有任务，否则我们非要痛击敌人不可！”

起义军走过的地方，他们通常会生起火来烤甘薯，因此我们会看到许多烤甘薯留下的火堆痕迹。他们会专门留下人负责将烤好的甘薯发给那些行军打仗而没吃上饭的人。我们路过时，他们给我们每人发了一个烤甘薯，我们便乐滋滋地啃着甘薯继续上路了。

吃着甘薯，我不由得想起了革命时期的马里昂和他的部队食不果腹却依然能打胜仗的事。因此，现在的古巴人一定会取得胜利，因为他们向往自由，就像我的祖国的建国先驱那样。想起我的使命是通过给加西亚送信促进古巴人民的解放事业，并促成我国战士出征古巴，我不由得豪情万丈。

那天的旅程快要结束时，我突然看到前方有几个人，他们穿的衣服令我大惑不解。

“他们是什么人？”我问道。

“先生，他们是西班牙军队的逃兵，”吉尔瓦西奥回答说，“他们从蒙扎尼洛逃离，据他们说，他们当了逃兵，是因为他们吃不上饭，并且军官对他们异常苛刻。”

有时候，逃兵也会有用，会充实敌方的队伍。但是我深知，在这荒郊野外，如果将他们纳入我们的队伍，万一他们并不是真正的逃兵，再偷偷给西班牙军队报信，说有一名美国人正在徒步穿越古巴，前往加西亚的营地，那岂不更糟糕？敌人也很有可能让这些人以西班牙军队逃兵的身份来打我们一个措手不及。因此，我告诉吉尔瓦西奥：“好好问一下这几个人，不要让他们趁我们不注意时溜掉！”

“是，先生！”他回答道。

我这么做，是为了自己的安全，更是为了我的使命。果然，我怀疑他们中有人会给西班牙军队报信的想法得到了证实。尽管他们不一定知道我的真正使命，然而，我的出现足以引起他们的怀疑。其中有两人被证实为敌军间谍，他们差点将我暗杀掉。那天晚上，他们两个企图离开营地，穿越丛林，去给西班牙军队报信，说有一名“美国军官”正在被护送穿越古巴。

半夜时分，我被哨兵的枪声惊醒，然后一个黑乎乎的影子出现在我的吊床前面。我不禁跳了起来，对面还站着一个人。说时迟，那时快，眨眼间第一个人已被一柄大刀砍中而倒下，大刀从他的右肩一直砍到肺部。这个可怜的家伙临死前供认，他们两人早已商定，如果同伴没能逃出营地，他便会杀掉我，从而阻止我完成使命。哨兵此前打死了他的同伴。那天，我们没有马匹和马鞍，要等到第二天很晚才能搞到，因此我们无法上路。无论我如何着急，都无济于事。

相比马匹，马鞍更难弄到。我禁不住问吉尔瓦西奥，我们为什么不能不用马鞍就上路。

“先生，此刻加西亚正在古巴中部围攻巴亚莫，”他回答说，“我们要走到那里，要走相当远的路。”

因此，我们必须要找到马鞍与马饰。后来，我分到了一匹马，在4天的骑行过程中，我不禁对向导佩服得五体投地。如果我不用马鞍而直接骑在这匹骨骼突出的马的背上，那我一定会吃尽苦头。说起这匹马来，它的确威风八面，胜过美国大草原上的所有马。

离开营地，我们的队伍继续沿着山脊向前走。没走过这种山路的人一定会陷入绝望，但有了向导，我们在这些曲折的山路上如履平地。

我们走完了这段路，又开始沿着一个绵延到东面的山坡往前走。这时，我们看到前面有一群小孩和一个白发披肩的族长模样的老人向我们打招呼。我们停了下来，吉尔瓦西奥与那名族长谈了起来。然后，森林里便响起了“美国万岁”、“古巴万岁”、“欢迎美国特使”的欢呼声。这令我们万分感动，我真不知道他们是如何知道我要到这里来的，但消息在丛林中的确传得很快，我的到来让这位老人和这群孩子兴奋不已。

那天晚上，我们在亚拉宿营，那里位于山脚下。我隐隐觉得，我们来到了一个危机四伏的区域。这里建有战壕，用于保护峡谷，以防西班牙军队从蒙扎尼洛进攻。在古巴历史上，亚拉是一个伟大的名字，因为1868~1878年的古巴“十年战争”就是从亚拉镇打响的。我在战壕边上搭起了吊床。说是战壕，实际上算不上是战壕，只不过是一堵齐胸高的石墙而已。我注意到，一名不知道从哪里招募来的士兵整个晚上都在站岗。吉尔瓦西奥希望通过一切可能的努力确保我不辱使命。

第二天早晨，我们从河东岸的埃斯特拉开始，继续向北攀登荆棘密布的山坡。所到之处，都是风化了的山脊。低地里潜藏着巨大的风险，我们随时可能遭遇伏击，随时可能被西班牙的机动部队切断前进的道路。

我们继续沿着陡峭的河岸向前走。我曾不公平地对待过动物，可我从未见过如此残忍的虐待。为了使战马走进峡谷然后再走出来，战马受尽了我们的折磨。但没有办法，给加西亚的信必须要送到。在战争中，为了几十万人的自由，几匹战马受折磨又算得了什么呢？我对于人类的残忍感到羞愧，但此时不是发善心的时候。幸运的是，在最困难的一天过去之后，我们走到了吉巴罗的森林边上，在一片玉米地里的小屋前停了下来。一大块牛肉挂在椽子上，旁边的厨师正忙着为“美国特使”的到来准备大餐。

我的到来使他们欢呼雀跃，他们为我的晚餐准备了鲜牛肉和面包。

还没等我吃完这顿大餐，我突然听到一阵骚动的声音，森林中传来了叫喊声和马蹄声。里奥斯将军派来的卡斯蒂洛上校到了。他代表里奥斯将军迎接了我，并告诉我将军将在明天早上到达，然后他登上战马，扬起马鞭，飞一般便从我的视野里消失了。

卡斯蒂洛上校对我的迎接使我感到，我的“信使”道路上一直有一个非常不错的向导。

第二天早晨，里奥斯将军与卡斯蒂洛上校来了，卡斯蒂洛上校还赠给我一顶“古巴制造”的巴拿马帽子。

里奥斯将军被人民称为“海岸将军”。他皮肤黝黑，看上去像是印度与西班牙的混血儿，步伐稳健。只要进入他管辖的区域，西班牙军队便永远不会突破重围。他的信息渠道与直觉简直有些神乎其神。动员老百姓搬离战区并提供他们的日常供给并不是件容易的事情，可他却做到了。西班牙军队会钻进森林搜寻里奥斯的军队，里奥斯将军则采取游击作战的方式，他的军队会不断地向西班牙军队射击，有时甚至大规模剿灭敌人。

里奥斯派了两百名骑兵前来保护我。我们一字排开前行，如果有人看到我们，他们一定会因这样的行军队伍而感到敬畏。我们的行军速度非常快，很快便再次进入了森林，隐藏在西埃拉梅斯特拉常年的绿色之中。进入森林的道路还算好走，但时常会遇到水道与陡峭的河岸。道路很窄，并且荆棘丛生。但是，向导仍镇定自若地带领我们披荆斩棘，快速前进，这令我对他刮目相看。我在行军队伍中的正常位置是在中间，但我总想走到队伍前面，一睹向导的英姿。终于，在一个水道横跨的地方，我赶了过去，近距离观察了他。他叫迪奥尼希托·洛佩兹，是一个皮肤黝黑的黑人，在古巴起义军中担任中尉。他有一种天赋，能在丛林茂密的森林里快速骑行而不迷路。他手持一柄弯刀，为我们开路，错综盘绕的树藤顺从地倒向两边，从而使我们一次次绝路逢生。他看上去浑身有使不完的劲儿。

4月30日晚上，我们来到了里奥伯伊，巴亚莫河的支流，距离巴亚莫城约20英里。我们日夜行军好几天，最终见到了吉尔瓦西奥。他的脸上洋溢着欢快的笑容："他就在那里，加西亚将军就在巴亚莫，西班牙人正沿着考托河撤退，他们的掩护部队就在考托河！"

我急着要见到加西亚将军，因此我建议夜间行军，但我的建议在开会时没有被采纳。

1898年5月1日是一个非同寻常的日子，正当我在古巴丛林里睡觉时，美国海军正从菲律宾的柯雷吉多尔岛逼近马尼拉湾，志在摧毁西班牙舰队。正当我在去见加西亚的路上，美国海军已经击沉了多艘西班牙舰船，并且直逼菲律宾首都马尼拉。

那天一大早，我们便上了路。我们越过一片又一片的梯田，登上了通往巴亚莫的平原。这片伟大的古巴国土，现在已是满目疮痍，人迹罕至。此刻，古巴坎德拉里亚的庄园已被战火烧尽，这是西班牙军队累累罪恶的铁证。我们疾行100多英里，跨越了荒无人烟的古巴国土。我们难以相信，这里曾经是大自然青睐的肥沃的热带庄园，曾经生活着幸福的人们。我们穿越草原，冒着烈日与酷暑疾行。一想到目标就在前方，我们的使命就要实现，所有这些痛苦便立刻被抛在了脑后。就连我们疲倦不已的战马看上去也在分享着我们的期冀与渴望。

我们沿着通往蒙扎尼洛–巴亚莫的皇家公路前行，沿途遇到了一些衣衫褴褛的路人。他们的脸上写满了兴奋，因为他们曾经被敌人赶出了家园，阔别已久，此刻他们终于又回来了。这些人的欢声笑语使我想起了我们在穿越丛林时看到的那些鹦鹉。

从帕拉雷约到河东岸的巴亚莫，路程很近。巴亚莫原来是一座有3万人的城市，但此刻它却成了一个仅有2 000人的小村镇。巴亚莫城的周围到处是西班牙人建的碉堡。

我们走近巴亚莫，首先看到的便是这些碉堡。此刻，碉堡里还不时冒出烟，那是因为古巴人在返回这座曾经繁荣的小镇时义愤填膺地点燃了碉堡。

很快，我们便在河岸上列好队。吉尔瓦西奥和洛佩兹讲完话之后，我们便继续前进。走到河流中段，我们停下来休息，积蓄力量，同时也让战马饮水，走好最后一段路程，为见到加西亚将军作好准备。当天的报纸报道说，“古巴的军队将领们说，罗文中尉的到来在古巴起义军中引发了最大的热情”。

然后，仅用了几分钟的时间，我们便见到了加西亚将军。

至此，充满着艰难险阻、失败与死亡气息的艰苦历程宣告结束。

我终于成功了。

我们来到了加西亚将军的指挥部前，看到古巴的国旗在微风中飘扬。我们跳下马，站成了一排。加西亚将军认识吉尔瓦西奥，吉尔瓦西奥先走进门，过了一会儿他与加西亚将军一起走了出来。加西亚将军热情地冲我打招呼，并邀请我和我的助手进去，将军向他的部下介绍了我。我看到，他的部下个个穿着白色的军装，随身带着武器。加西亚将军解释说，之所以这么晚才见到我，是因为在牙买加时，古巴联络处对我的通关文书进行了详细的审查。

有些事情的确令人哭笑不得。联络处的信中提到我是一个“自信的人”，而翻译者却将其译成我是一个“骗子”。吃完早饭之后，我们步入了正题。我向加西亚将军解释说，尽管我从美国带来了外交文书，但我的任务纯粹是军事性的。美国总统与作战部都希望得到关于古巴东部战事的最新情报。（实际上，美国还派遣了另外两名军官分别去了古巴的中部和西部，但他们都没有接近目标。）美国必须要知道的情报包括：西班牙军队的占领区域分布，西班牙军队的装备与数量，西班牙军队将领（特别是负责指挥的将领）的性格，西班牙军队的作战士气，古巴的局势和总体地理状况，联络方式（特别是陆路交通情况）。总而言之，美国将领希望知道有关战争的所有信息。最重要的一点，是要听取加西亚将军对于古巴起义军与美国军队之间配合或者单独作战行动的建议。我还告诉加西亚将军，美国政府还希望获得有关古巴起义军同样的信息，只要将军能够提供。如果我们双方的想法没有矛盾，我将会留在古巴起义军中，直到加西亚将军给我在军队中安排一个职务。

加西亚将军沉思了一会儿，然后他让其他人出去，只留下了我和他的儿子。大约下午3点钟，将军告诉我说，他已决定派3名军官与我一起去美国。这几名军官都是土生土长的古巴人，他们训练有素，身经百战，对古巴的情况非常了解，因此他们几乎能够回答所有的问题。即便我在古巴待上几个月，也不见得能够解答所有的问题。由于时间紧迫，美国政府越早得到情报，便对各方越有利。

加西亚将军继续说，他的军队需要武器，尤其是大炮，因为大炮可用来摧毁碉堡。同时，他还缺少弹药和各种口径的步枪。他认为，如果用美国步枪来重新武装古巴起义军，问题就会变得简单很多。

与我们一起回美国的，是赫赫有名的科拉佐将军、赫尔南德斯上校与医生维埃塔。维埃塔是一位非常不错的医生，他对古巴及热带地区的疾病颇有研究。另外，同去美国的还有两名水手，他们对古巴北部海岸的情况了如指掌，如果美国决定为加西亚将军提供他所需要的物资，那么这两名水手也会被派上用场。

“你还有什么想了解的吗？”加西亚将军问道。

我还能要求更多吗？我连续9天时间都在奔波，历尽诸多困难。我本希望能够有机会在古巴多停留一段时间，好好看看这个神奇的国度，但我的回答同加西亚的问题一样简洁，“没有了，将军”。加西亚以他敏锐的洞察力和灵活应对各种状况的能力会让我免遭几个月不必要的辛劳，还可以使美国能够获得所需要的信息，和古巴人民掌握的信息一样详尽。

接下来的两个小时，我受到了非正式的欢迎，5点钟晚宴开始了。晚宴结束后，有人告诉我说我的护卫队就在门口。当我来到街上时，我吃惊地发现，原来的向导和同伴已经不见了。我请求见吉尔瓦西奥，随后他便与其他几位牙买加来的人走了出来。吉尔瓦西奥希望能跟我一起走，然而加西亚的态度却很坚决，他认为除了我需要向北返回之外，其他人都应当在南部作战。我向加西亚将军表达了对吉尔瓦西奥等人以及来自西埃拉梅斯特拉军队帮助的感激之情。然后，我以拉丁式的拥抱与他们告别，便骑上马与同伴一起急速向北面进发。

我终于把信送给了加西亚将军！

给加西亚将军送信的过程充满了危险，它远比我返回美国的意义要重要得多，但是，战争已经爆发，西班牙军队戒备森严，他们在每一处海岸边巡逻，他们的战船在每一处海湾巡航，他们的机枪架在碉堡上，随时准备向违反战争规则的人开火。实际上，我就是一名深陷敌军包围圈的间谍！一旦被敌人发现，我只有死路一条。

我从未将大海与天气的恶劣考虑在内，它们很快让我明了，完成一次远航并不意味着最终的成功。要成功，我必须要完成使命，并最终促进战争取得胜利。

我的同伴与我的观点一致，因此我们一路小心谨慎，向古巴北方前进，来到了西班牙占据的一个河口。我们来到瓶状的马纳蒂港湾之后，发现对岸有一座巨大的碉堡，碉堡里有多杆枪口对着入口。如果西班牙军队知道我们在这里，后果将不堪设想！然而，我们的大胆行动却反而使我们更加安全，有谁会想到敌人会冒着巨大风险来到自己的眼皮底下呢？

我们乘坐的是一艘扇形的船，容积为104立方英尺①。我们用麻布袋拼凑缝制了船帆，食物只有牛肉和水。就靠这艘不像样的船，我们竟向北航行了150英里，来到了拿骚

① 1英尺=0.304 8米。——编者注

岛的新普罗维登斯。难以想象，我们在敌军的水域中航行，深处敌军装备精良的舰船的包围，却相安无事。这也是无奈之举，因为只有这样，我们才能够完成使命。

我们发现，这艘船难以装下我们6个人，因此维埃塔医生骑着战马和护送人员返回了巴亚莫。我们剩下的5个人准备冒着西班牙军队的枪林弹雨杀出重围。难以想象，我们依靠的只是这样一艘破麻布做船帆的小船！

就在我们准备出发的时候，突然间狂风暴雨。狂风激起的大浪使我们无法起航，即便停留在起点也是危险重重。此刻正值月圆之夜，如果乌云散去，狂风不再，那么敌人很可能会发现我们。但是，命运之神站在了我们这一边。

夜里11点，我们上了船。船上只坐了我们5个人，所以行进很顺利。黑压压的乌云在天空急速翻滚，不时遮挡着明月，使我们的行踪时隐时现。我们的人中有4个人负责划桨，一个人负责掌舵。我们没有看到敌人的碉堡，所以，我们可以猜想我们没有被敌人发现。然而，我们总是在担心，黑洞洞的枪口说不定什么时候就会指向我们。我们就这样艰难前行，不知道什么时候炮弹就会打过来，枪声响起。我们的小船颠簸得厉害，像个鸡蛋壳一样任凭风吹浪打，数次差点被打翻在水里。然而，我们的水手表现英勇，我们的麻布船帆经受住了考验，不一会儿，我们便顺利驶入碧绿色的茫茫大海。

此时，我们都已困倦不已，不断拍打的海浪成了催眠曲，我竟然坐在船上睡着了。但睡了一小会儿，一个巨浪袭来，顿时我们的船里灌满了水，差点将我们打翻在海里。这时，所有人都清醒了，开始从船里向外舀水。我们干了足足一个晚上。我们早已被海水浸湿，身心俱疲。就在这时，我们高兴地看到，前方的地平线上，太阳升了起来。

舵手大声喊道，“先生们，看那是什么？”

我们一看，陡然紧张了起来，那不会是一艘西班牙战舰吧？如果是，那我们就难逃此劫了。

“2艘、3艘、天呐！ 12艘船！”舵手大叫着，其他人也跟着惊呼，真的是西班牙战舰吗？

距离越来越近，我们才发现，原来这是桑普森海军司令的战舰，此刻它正在向东航行，进攻波多黎各的圣胡安。

我们长出了一口气！

整个白天，我们冒着酷暑，不断地从船里向外舀水。谁也没有睡觉，心里焦急不已。尽管有美国战舰，但西班牙的炮艇会躲过美国战舰的追踪，从而抓住我们。夜幕降临，我们从来没有这么疲惫过，但我们却不能休息。一会儿又起了风，海浪又打进了船里，我们不得不再次舀水，确保小船不会沉下去。到了第二天，也就是5月7日，我们才得以松一口气。10点左右，我们终于到了巴哈马群岛上的一个小岛。我们兴奋不已，登上了这个小岛，好好休息了一阵。

下午，我们碰到了一艘有13名黑人船员的大帆船。这些黑人说的话，我们根本听不懂。然而，我们通过手势成功地进行了交谈，协商好换船。这艘船上有几头猪，可以随时宰杀吃掉。船上还有人在演奏手风琴。我再也不想听到那手风琴的声音，因为那天我困顿不已，一心只想睡觉，但手风琴的声音却吵得我无法入睡。

5月8日下午，当我们向东面的新普罗维登斯岛航行时，被检疫部门截获，然后被他们带到了豪格岛上隔离开来。他们怀疑我们在古巴染上了黄热病。

5月9日，我联系上了美国总领事麦克莱恩先生。在他的帮助下，我们于5月10日获释。5月11日，我们的船驶入码头，我们上了船，继续前行。

航行到佛罗里达礁岛群时，我们遇上了坏运气。5月12日一整天都没有足够大的风，我们的船难以航行下去。到了晚上，微风拂动。5月13日清晨，我们总算到达了基韦斯特。

当天夜里，我们坐上了驶往坦帕的火车，然后在坦帕换乘了驶往华盛顿的火车。我们按预定时间到达华盛顿。我向战事秘书拉塞尔·A·阿尔戈尔作了汇报，他听完后让我再向迈尔斯将军汇报。迈尔斯将军听了我的报告之后，给战事秘书写了一封信，信中说："我推荐美国第19步兵团的一等中尉安德鲁·萨默斯·罗文晋升为陆军中校。罗文穿越古巴，找到了古巴起义军领袖加西亚将军，并将极有价值的情报带给了美国政府。这项任务艰苦卓绝，在我看来，罗文中尉此举充分展现了其英勇的大无畏精神，必将被载入美国的战争史册。"

第二天，我与迈尔斯将军一起参加了一次内阁会议。在会议结束时，我收到了来自麦金利总统的贺信，他在贺信中感谢我将他的愿望传达给了加西亚将军，并祝贺我出色地完成了使命。

总统在信的末尾写道："你的英勇表现的确值得称

赞！”实际上，直到此时，我才突然意识到，我只不过是完成了自己的使命，一个军人的使命。作为一名军人，他不应当问为什么，而只需要服从军令。

我终于将信送给了加西亚。

上帝能为你做什么？

A Message to Garcia

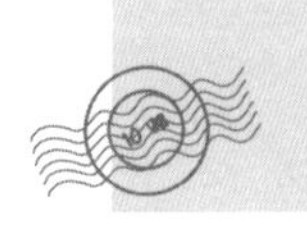

上帝能为你做什么？

——马克·戈尔曼

100多年以前，一份杂志不经意间刊登了一篇不起眼的文章。然而，就是这篇关于一名美军士兵的文章，却成为历史上印刷次数最多的作品之一。《致加西亚的信》已被翻译成了各国语言，印数超过了1亿册。它为什么会在世界范围内引起如此大的反响呢？

1899年，一个名叫埃尔伯特·哈伯德的人为一本名为《菲士利人》的小杂志撰写了一篇文章。在喝下午茶的时间，哈伯德与家人讨论美西战争的话题。在讨论中，家人几乎都拥护古巴起义军首领卡里斯托·加西亚将军，他们认为，加西亚将军是古巴战争胜利的关键。

然而，哈伯德的儿子伯特却说：“在我看来，这次战争中最伟大的英雄并不是加西亚将军，而是给加西亚送信的中尉罗文。”儿子的话在父亲的脑海里久久回荡。

然后，哈伯德便写下了《致加西亚的信》，刊登在了《菲士利人》杂志上。一开始他并没有多想，但随后这本杂志便收到了很多来自读者的重印要求。随着越来越多的人要求重印，这本杂志脱销了。哈伯德一开始并不知其中缘由，迷惑不解，便问读者为什么对这本杂志如此感兴趣。他吃惊地发现，原来人们看中的正是他写的那篇关于罗文的文章。后来，订单接踵而至，10万册、50万册、100万册。最终，忙得喘不过气来的哈伯德只得放弃小印量的订单。人们为什么会对一篇关于一位不知名的罗文中尉的故事如此感兴趣呢？原因在于，所有人都期待自己能遇上像罗文那样的人。

1895年，加勒比海小岛国古巴正力图摆脱西班牙的统治。西班牙军队占领了古巴，残酷地压迫古巴人民，古巴人民热切希望获得自由。美国在古巴拥有重大利益，不仅因为其地理位置与本国相邻，还因为美国在古巴的金融投资。1897年，古巴的局势继续恶化，首都哈瓦那街头不断发生民族主义者与西班牙军队之间的冲突。

麦金利总统派遣“缅因”号战舰进入古巴，昭示美国在古巴的影响力。“缅因”号停泊在哈瓦那港口，向西班牙政府发出了美国力图保护其在古巴利益的明确信号。尽管“缅因”号的存在令人望而生畏，但它却没有展开针对西班牙的任何敌对行动。

然而，1898年2月15日，一次爆炸炸沉了“缅因”号。对于这次来自于距离本国海岸不到100英里的公开侵略行为，美国人大为震惊。麦金利总统向西班牙发出最后通牒，要求他们撤出古巴。4月份，美国与西班牙开战。最终，事实证明，美西战争不仅解放了古巴，而且解放了菲律宾群岛。

在对西班牙宣战之前，麦金利总统会见美国军事情报局局长阿瑟·瓦格纳上校。总统问：“我能找到一个给加西亚送信的人吗？”当时，古巴起义军与美国的合作对战争能否取得胜利至关重要。与起义军领袖加西亚将军尽快取得联系更是极为关键。但当时，加西亚正在古巴山区带领起义军为古巴独立而作战，西班牙军队正在四处通缉他。所以，没有人确切知道他在什么地方。

瓦格纳上校在回答这一问题时丝毫没有犹豫：“我这里

有一名年轻的中尉，他名叫安德鲁·萨默斯·罗文。如果说有谁能把信送给加西亚，我觉得这个人就是罗文。”

一个小时之后，瓦格纳上校找到罗文说：“年轻人，你必须要将一封信送给加西亚将军，他现在正在古巴东部的某个地方。具体怎么去和如何做，都由你自己来定。这项任务只交给你一个人。”然后，瓦格纳握着罗文的手再次重复道：“一定要把信送给加西亚。”罗文什么都没问，便出发去找加西亚了。

后来，罗文果真将信送给了加西亚。有人告诉麦金利总统，罗文当时甚至没有问“加西亚在哪里”，“他长得什么样”，“他和哪些人有联系”，罗文只是听从命令，然后便去行动了。

我们周围有没有罗文这样的人呢？有没有不必向上司问个水落石出便能将信送给加西亚的人呢？有没有不必上司从头至尾的帮助便能独立完成工作的人呢？如果没有，老板们只有自己去做了。

有没有这样的人，我交给他一项任务之后，下次见面时他会告诉我：“我已经完成了那件工作，下一步我该做什么？”这样的人在哪里？罗文在哪里？现实生活中，谁能担当将信送给加西亚的大任呢?

这样的人确实存在，但并不多。他们此刻也许正在阅读这篇文章。他们在人群中总是出类拔萃，超越常人。他们做事总会追求完美，超乎人们对他的期待。埃尔伯特·哈伯德的文章写于一百多年前，但即便拿到今天，我们也会从中悟出深意。

我想指出的一点是，麦金利总统给了罗文一封信，让他交给加西亚时，罗文并没有问“他在哪里”。也许，大学里莘莘学子最需要做的是树立起坚定的信念，忠于信仰，敏于行动，集中精力去做“送信给加西亚”这样的事情。读者朋友们，你们可以做一个试验。比如你正坐在办公室里，办公室里有你的6名下属，你对其中任意一名下属吩咐说：“请查阅百科全书，并写一份关于科勒乔（Correggio）生平的简要备忘录。”这名员工会平静地回答说“好的”，然后便立即去做吗？他一定不会。他一定会一脸茫然地盯着你，然后提出下面的问题：

科勒乔是谁?

您要我找哪一种百科全书?

百科全书在哪里？

这不是我的本职工作吧？

为什么不让查理去做这件事呢？

科勒乔还活着吗？

这事儿急不急？

我把百科全书拿来，您自己来查？

您查这个做什么？

这时，如果你足够聪明，你便不会费心去告诉你的下属，科勒乔应归属于“C”条目下，而不在“K”条目下，你应当淡淡地笑一下说，“好的，没关系”，然后自己去查。

一百年以来，人们并没有多大变化，不是吗？每次我吩咐某人做某件事，他便会不停地问这问那，我马上会觉得，“这个可怜的家伙一定做不了给加西亚送信这样的大事”。

能将信送给加西亚的人实属凤毛麟角，大多数人都会满足于现状。对此，我难以理解。我们之所以能取得成功，是因为我们下定了决心，是因为你能够自己去作选择，而不是被动地接受生活的安排。

我想起了《圣经》中的一个故事。耶稣与他的弟子们在旅行的时候饿了，耶稣走到一棵漂亮的无花果树前，却发现树上并没有无花果。耶稣很生气，指责这棵树没有结果。第二天，他们再次经过这里时，一名弟子发现，这棵无花果树已经枯死了。

最近，在读这则故事时，我注意到了以前阅读中没有注意到的一个细节。《圣经》中说，这棵树之所以没有结果，是因为季节不对。我不禁要问："上帝啊，你是否过于武断了呢？在那个季节，所有无花果树都不会结果的。"

那天夜里两点，我坐在床上，听到上帝对我说："如果你只做自然而然发生的事情，那便不会打动我。"

上帝不希望我们只做自然而然发生的事情，他希望我们能够克服艰难，做些不一般的事情。对我们来说，平平淡淡地生存是一种平庸。上帝最不希望所有人都成为普通人。他希望树木每时每刻都能开花结果。如果有机会做得更好，为什么要满足于平庸呢？如果每年你能有一天做得很好，为什么不能天天做得很好呢？为什么我们只能做普通人做的事情，而不能超越他们呢？

运动员从来不是自然而然就获得奥运会金牌的。他们之所以会成功，是因为他们能够超越前人创造的极限。我不喜欢平庸，哈伯德的观点也是如此。他曾经写过下面的话：

> 最近，我们总是听到人们对血汗工厂里的工人深表同情，深切关注无家可归、四处寻找仁义善良雇主的人们。同时，人们也对雇主等掌握雇佣大权的人们颇有微词。然而，却没有人想到，没有人愿意雇用一个好吃懒做的人去做情报工作，实际上雇主们一直在寻找真正有事业心的员工。我是否说得过于严重了？也许是，但无论如何，我都希望为那些获得成功的人说几句话。我最喜欢的是老板在与不在都同样努力工作的员工。如果这名员工接过给加西亚的信后，二话没说，义无反顾地投入到送信的任务中去，那么他永远不会被解雇，他也不必为加工资而参加罢工。社会文明的进程中需要这样的人，这样的人理应获得一切。然而，这样的人实属凤毛麟角，雇主会像对待宝贝一样对待他，永远不希望他走。每一座城市、每一个村镇、每一个办公室、商店和工厂都需要这样的人，整

个世界都呼唤这样的人。这样的人走到哪里都备受欢迎，因为只有他们才能完成给加西亚送信的使命。

别人对你的要求永远不会超过你对自己的要求。如果任何人发现你工作中的不足，那么请不要给自己找任何理由。你要承认是你没有做到最好，而不能反过来为自己辩解。如果能够做到最好，为什么要满足于一般水平呢？经常听人说，不要过高要求自己。对此，我不愿苟同。他们可能会说："我与你的性格不同，我没有你那么上进，我不是那样的人。"

我会对他们说："你要学会改变。"的确，他们需要下定决心改变一些东西。

关于完美，《圣经》里有最好的诠释。一个人准备出远门，他将几个仆人叫过来，将财产委托他们看管。他给了第一个仆人5塔兰特[①]，给了第二个仆人2塔兰特，只给了第三个仆人1塔兰特。他是按照他们3人的能力作出这样的分配的。拿到5塔兰特的仆人拿去做买卖，又挣了5塔兰特；

---

① 塔兰特，古代中东和希腊–罗马世界使用的货币单位。——编者注

拿到2塔兰特的仆人同样也挣了2塔兰特。然而，拿到1塔兰特的仆人却将它埋在了地下。

过了很久，主人回来了，询问仆人们他的财产的事情。第一名仆人一共拿出了10塔兰特，主人说："做得不错，真是个忠实又有能力的人啊！我要重重地奖赏你，让你得到幸福！"

同样，第二名仆人一共拿出了4塔兰特，主人也说："干得不错，真是个忠实又有能力的人啊！我要重重地奖赏你，让你得到幸福！"

然后，只拿到1塔兰特的仆人走过来说："主人，我知道您想成为强大的人，想不用劳动就可以收获。因此，我很害怕，便将那份财产埋在了地下。看，一分钱都没少呢！"主人回答说："你这个刁钻、懒惰的人啊，你明知我想不劳而获，怎么不将这份财产存到银行，在我回来时起码给我赚得一些利息。"因此，他夺过这个仆人手中的钱，给了那个给他赚10塔兰特的仆人。对拥有的人来说，给予他的越多，他就越富有；而对那些一无所有的人来说，他们拥有的也可能被剥夺。

这名仆人本以为没有丢掉这份财产便会得到主人的赞

赏，他认为能够保本已经很不错了。然而，主人却不这么看，主人不希望他的仆人只做表面上的分内之事，他希望他们能够做得更好。两名仆人做到了，他们让主人托付的财产翻番了。而那位愚蠢的仆人则满足于保本。

生活中，我们会遇到很多人持有这样的观点："我只去做那些分内之事，我才不会将事情做得那么完美！"

如果你有这样的机会，你是否满足于与别人一样呢？你的想法是否与那名愚蠢的仆人一样呢？

美国国家航空航天局（NASA）空间研究所的沃纳·布朗是阿波罗4号项目的总工程师，在谈到土星5号火箭（此火箭用于推进太空船）时说："土星5号一共有560万个零件，即便我们的合格率达到99%，仍将有5 600个残次零件。然而，在阿波罗4项目进行的过程中仅出现过两次异常，其可靠性达到了99.999%。拿手机来说，如果一部拥有1.3万个零件的手机拥有这样好的性能，那么这部手机在100年以后才会出现零件损坏的情形。"

那么，为什么我们的手机没有如此好的性能呢？这是因为美国国家航空航天局所采取的标准要大大高于手机行业。我们需要向美国国家航空航天局这样的标准看齐。上帝也希望我们用高标准来要求自己，将事情做得趋于完美。

我希望读者能扪心自问：“我能将信送给加西亚吗？如果别人告诉我他就藏在古巴某处丛林里，我会去给他送信吗？如果我不知道他长什么样子，不知道去哪里找他，那么我还会去做吗？”只要你渴望成功，那么你总会有办法的。只要你心系成功，那么你便会取得成功！

对于我们为什么不能做理应做的某些事情，我们往往都会有一大堆理由。我们为什么不能将工作做到完美呢？关于此，人们会说出很多理由。

让我们像罗文那样去做事吧！我们需要的是决心和选择。有些事情会阻碍我们前进的脚步，有时候我们会遭遇挫折，使我们踯躅不前，但我们决不能放弃。放弃根本就不是一种选择。我要完成眼前的任务，我要在生活的方方面面追求完美。即便我遇到挫折，我也会卷土重来，直到取得最后的成功。

上帝啊，让我们都成为罗文吧！

如果我被赋予给加西亚送信的使命，我相信自己一定会完成。你也许会认为我是在说大话，实则不然，这来源于我的自信。我知道，只要你将信递给我：“把它送给加西亚。”我便能够做到。我希望大家都能够完成这一使命。做就要做到最好！如果有人对你说你无法取得成功，不要相信他们。别人的不利言论，你不应当放在心上。

下定决心吧！成功是1%的灵感加99%的汗水换来的。只要你努力，你便会成功。你愿意决心将事情做到完美吗？你是否作好了给加西亚送信的准备呢？

我办公室的墙上悬挂着一块牌匾，上面刻着下面的内容：

想别人不敢想的，冒别人不敢冒之风险，做别人不敢做之美梦，走别人不敢走之道路。唯有此，才会趋于完美。

让我们追求完美生活，实现自己梦寐以求的人生目标吧！我们一定会做到。让我们将信送给加西亚吧！

这本书说尽一切

A Message to Garcia

这本书说尽一切

——威廉·亚德利

对于州长来说，《致加西亚的信》一书是他的团队人员的重要精神食粮。

美国总统小布什的弟弟杰布·布什当选佛罗里达州州长的那一天，在一本薄薄的硬皮书的扉页签上了名字，然后将它递给了新任的副手。

《致加西亚的信》不过一本支票簿那么厚，此刻它静静地躺在副州长弗兰克·布罗根办公室的桌子上。布什州长在书的内页写下了5个字："你就是信使！"

实际上，布罗根只是布什州政府里诸多的信使之一。

几个月以来，州政府职员都在州长办公室里一张贴在墙上的纸上签下了自己的名字，以表明自己曾经阅读过《致加西亚的信》。截至今年春天，这张纸上已经签满了名字。

布什州长在最近回复一封电子邮件时写道："自本届政府成立以来，我便将本书赠与每一名新加入的职员。我希望那些能够将信送给加西亚的人加入到我们的团队中。意志坚定、品格正直以及不需要别人监督便能完成工作的人才是能够真正改变世界的人！"

《致加西亚的信》只是一篇文章。

1899年，《致加西亚的信》首次出版。此书描写了1898年中尉安德鲁·萨默斯·罗文勇闯古巴山区，将信送给加西亚将军的壮举。当时，美国将很快与西班牙交战。因此，威廉·麦金利总统为摸清时局，派遣罗文寻找古巴起义军领袖加西亚。

罗文没有问如何才能找到加西亚，也没有问加西亚当时在哪里，便上路了。最后，罗文找到了加西亚，并返回了华盛顿，向麦金利总统报告了起义军和西班牙军队的情况。这一情报对于未来的战事来说至关重要。

随后，报纸对罗文成功完成这一使命进行了大量的报道，罗文一时间成为了家喻户晓的英雄人物。

受此激励，埃尔伯特·哈伯德写了一篇文章，成为当时世界最畅销的出版物。这一作品成为了几代雇主们的励志材料。一个世纪之后，布什及共和党人甚至将其视为自己的信条。

“我想说明的一点是，在麦金利总统将写给加西亚的信交给罗文时，罗文并没有问：‘加西亚在哪里？’这件事足可以流传千古，每一所大学校园都应当树起一尊罗文的铜像。

“罗文不像一味啃书本的年轻人那样较真儿，也不需要从别人那里得到指点与指示，他所拥有的是一种坚贞不屈的执著，这一点使得他忠于信仰，敏于行动，全身心投入到自己的使命中，那便是‘把信送给加西亚’。”

他们不会一味唱高调，而是如布什新闻官贾斯汀·塞费所说的：“办公室里的所有人都会被要求读这本书。这是我经常使用的一种指导原则，那便是不要因为工作中遇到困难便停滞不前，要依靠自己的力量完成工作。截至目前，所有的资深职员都读过这本书。”

那么，杰布·布什又怎么会读《致加西亚的信》的呢？

杰布·布什在1998年竞选州长期间，奥兰多的一名竞选团队律师肯·赖特和他的父亲老布什都曾向他推荐过这本书。

赖特曾经这样解读这本书："不要怨天尤人，这是我的原则。事情摆在眼前，就要全身心去做。"他清楚地记得当他向布什推荐此书时他与布什的对话。

"我将此书递给杰布，杰布说：'对这类新潮的书，我的确不太感冒。'

"我说，'杰布，你看看再说吧，用不了你喝一杯咖啡的时间。这不是什么新潮的东西，它说的是100年前的事情'。

"当我下次见到他时，他说他已经看过了。他的评价与我的预期一致：这本书棒极了，它告诉了我很多东西。"

人物简介

埃尔伯特·哈伯德（1856~1915年）

埃尔伯特·哈伯德是19世纪末20世纪初著名的哲学家、作家、编辑和演讲家。1895年，他创立了罗依科罗斯特出版社，该出版社位于纽约东奥罗拉，同时也是一家艺术家与工匠的社团机构。这里制造并销售各种手工艺品，哈伯德还在这里设立了印刷厂和装订厂。他创立了《菲士利人》杂志，将自己的观点传递给大众。《致加西亚的信》（1899年）是哈伯德的神来之笔，一气呵成，描写了罗文中尉的壮举，后来广为传颂。1915年5月7日，他与妻子乘坐卢西塔尼亚号客船前往英格兰，途中遭遇沉船，不幸罹难。

加西亚（1836~1898年）

卡里斯托·伊尼格斯·加西亚是古巴革命家，古巴起义军的领导人。他因革命活动而被捕入狱，直至1878年释放。加西亚出狱之后再次被捕。1895年，加西亚来到美国。作为古巴起义军的领袖，他在美西战争中发挥了重要作用。1898年，加西亚在华盛顿逝世。当时他正与麦金利总统商讨古巴事务。

安德鲁·萨默斯·罗文（1857~1943年）

罗文是一名美国军官，西点军校1881级毕业生。曾参加美西战争，后又赴菲律宾服役，后来返回美国。1909年退役，1943年去世。

埃尔伯特·哈伯德的商业信条

我相信自己。

我相信自己卖出的产品。

我相信我所工作的公司。

我相信我的同事和助手。

我相信美国的商业模式。

我相信生产者、创造者、制造者、销售者以及所有有工作并坚持工作的产业工人。

我相信真理是一种财富。

我相信美酒佳肴和健康的体魄，我意识到，成功的首要因素并不是钱，而在于给予他人的利益。这样，便可以自然而然地获得成功。

我相信阳光、新鲜空气、菠菜、苹果酱、笑声、乳酪、婴儿、斜纹布和薄绸，我所牢记的英语中最伟大的一个词是“满足”。

我相信，我每做成一笔生意，便会交到一个朋友。

我相信，在我与别人告别时，我必须采取一种方式，使得我们下次见面时仍热情洋溢。

我相信工作的双手、思考的大脑和仁爱的心灵。

阿门！阿门！